全国技工院校计算机类专业（中／高级技能层级）

Internet基础与应用

（第四版）

习题册

主 编 奚 飞
主 审 方 宏

中国劳动社会保障出版社

简介

本书是全国技工院校计算机类专业教材（中 / 高级技能层级）《Internet 基础与应用（第四版）》的配套用书。全书内容紧扣教材的教学要求，注重基础知识的巩固和基本能力的培养，知识点分布均衡，题型丰富，难易适当，有助于学生复习巩固所学知识。

本书由奚一飞任主编，王鑫参与编写，方宏任主审。

图书在版编目（CIP）数据

Internet 基础与应用（第四版）习题册 / 奚一飞主编. -- 北京：中国劳动社会保障出版社，2024.

（全国技工院校计算机类专业：中 / 高级技能层级）.

ISBN 978-7-5167-6600-2

Ⅰ. TP393.4

中国国家版本馆 CIP 数据核字第 2024SB7881 号

中国劳动社会保障出版社出版发行

（北京市惠新东街 1 号　邮政编码：100029）

*

北京鑫海金澳胶印有限公司印刷装订　　新华书店经销

787 毫米 × 1092 毫米　16 开本　3.75 印张　74 千字

2024 年 7 月第 1 版　　2024 年 7 月第 1 次印刷

定价：9.00 元

营销中心电话：400-606-6496

出版社网址：http://www.class.com.cn

http://jg.class.com.cn

目录

CONTENTS

项目一
Internet的使用

任务1 Edge浏览器的使用

一、填空题

1. Internet上的每一个网页都具有一个________的名称标识，即________地址。

2. URL（uniform resource locater）地址由____________、主机名、路径及__________组成。

3. IP地址是在网络上分配给每台计算机或网络设备的________位数字标识。

4. Cookie是指某些网站为了辨别用户身份、进行________跟踪而存储在用户本地终端上的__________。

5. 域名是与网站主页IP地址相对应的一串__________的字符。

6. 在网络断开的情况下要浏览已保存的网页，可以单击对应的__________页面文件。

7. 在Edge浏览器中，设置默认主页的操作步骤之一是在弹出的设置页面中选择“__________、主页和新建标签页”选项卡。

8. 在Edge浏览器保存网页的过程中，用户需要选择存储该网页的__________后单击“保存”按钮。

9. 若要通过Edge浏览器保存网页中的图片，用户需要在图片上单击鼠标__________，然后在弹出的快捷菜单中选择“将图像另存为”选项。

10. 360安全浏览器采用了______________技术，可以自动拦截含有木马病毒、欺诈程序、网银仿冒等内容的恶意网址。

二、单选题

1. 一个完整的 URL 地址不包括（　　）部分。

A. 协议类型　　B. 主机名

C. 文件路径　　D. 用户密码

2. 在使用 360 安全浏览器时，在（　　）下即使访问含有木马病毒的网站也不会被木马病毒所感染。

A. 恶意网址库更新　　B. 隔离模式

C. 防跟踪保护　　D. 自定义主题

3. 下列选项中，（　　）不是通过 Edge 浏览器进行的操作。

A. 进行站点收藏　　B. 保存网页中的图片

C. 运行 Windows 更新　　D. 通过地址栏浏览网页

4. 域名中的“.cn”表示（　　）。

A. 商业机构　　B. 教育机构

C. 中国　　D. 网络服务提供商

5. Edge 浏览器的默认主页（　　）。

A. 只可设置为“www.baidu.com”　　B. 只可设置为空白页

C. 可设置为任何用户选择的网页　　D. 无法更改

6. 删除 Edge 浏览器历史记录的最长天数可以设置为（　　）。

A. 1 天　　B. 7 天

C. 28 天　　D. 不能删除

7. 在保存网页中图片时，图片文件会存储在（　　）。

A. 临时 Internet 文件夹　　B. 用户指定的任何位置

C. 默认的下载文件夹　　D. 文档文件夹

8. 当同时打开多个网页页面时，每个页面都会以（　　）的形式列出。

A. 窗口　　B. 标签

C. 文件夹　　D. 图标

9. 360 安全浏览器的主要安全特性是（　　）。

A. 沙箱技术　　B. 自动更新

C. 快速浏览模式　　D. 广告拦截

三、判断题

1. URL 地址只能用于局域网上的某一台计算机。 ( )
2. IP 地址由点号分成 4 个 8 位二进制组，每组用 0 ~ 255 的十进制数来表示。 ( )
3. 360 安全浏览器无法拦截含有木马病毒的网址，它主要侧重于提高浏览速度。 ( )
4. 所有浏览器保存网页的方法和操作完全相同。 ( )
5. Internet 的使用可以通过 ADSL、LAN、光纤等方式连接。 ( )
6. Edge 浏览器无法保存正在浏览的网页的整个页面。 ( )
7. IP 是一个 32 位的数字标识，主要用于在网络上区分每一台计算机或设备。 ( )
8. 默认主页是 Edge 浏览器每次打开时首先显示的页面，用户无法更改。 ( )
9. Edge 浏览器允许用户保存正在浏览的网页，以便断开网络后继续查看。( )
10. Cookie 是网站为了提高浏览速度而存储在用户计算机上的数据。 ( )

四、简答题

1. 什么是超链接?

2. 简述 Edge 浏览器中保存网页的操作步骤。

3. 简述 TCP/IP 协议的层次体系结构及各层的主要功能。

4. 简述管理 Edge 浏览器的历史记录和临时文件的方法，及其重要性。

任务 2　搜索引擎和下载工具的使用

一、填空题

1. 在百度搜索引擎搜索框中输入多个查询词，并在查询词之间加入“__________”符号，就可以进行__________搜索。

2. 百度搜索引擎的图片搜索功能可以用来了解某张图片的__________________和__________________信息，或查找到与之相似的图片。

3. 在使用 URL 搜索时，可在百度搜索引擎搜索框中输入查询词，并在查询词前加上“____________”。

4. 在百度搜索引擎上传图片页面中，可以通过“____________”按钮选择想要搜索的图片，或将待搜索的图片直接__________到上传图片页面。

5. 使用百度搜索引擎图片搜索功能后，搜索页面将显示出所有与这幅图片有关的信息和____________，可以通过查看搜索结果了解图片的____________。

6. 目录搜索引擎是通过__________或半自动方式搜集信息的。

7. 网盘资源共享可以通过__________、__________、__________等方式进行。

8. 目录搜索引擎常被称为“__________”。

9. 迅雷软件安装成功后，在计算机桌面上会生成迅雷软件的__________。

二、单选题

1. 在百度搜索引擎中搜索与“技能”相关内容时，如果想要排除包含“大赛”的搜索结果，则需要输入（　　）进行搜索。

A. 大赛 -　　　　B. - 大赛

C. 技能 + 大赛　　　　D. 技能 - 大赛

2. 在使用百度搜索引擎将“技能大赛”作为一个整体进行搜索时，应输入（　　）。

A. 技能 + 大赛　　　　B. “技能大赛”

C. 技能 & 大赛　　　　D. 技能 | 大赛

3. 在百度搜索引擎的图片搜索中，进入上传图片页面的按钮样式是（　　）的形状。

A. 放大镜　　　　B. 文件夹

C. 相机　　　　D. 麦克风

4. 安装迅雷软件的第一步是访问迅雷的官网，其网址是（　　）。

A. https://www.xunlei.net/　　　　B. https://www.thunder.com/

C. https://www.xunlei.com/　　　　D. https://download.xunlei.com/

5. 在迅雷软件安装的过程中，必须同意（　　）才能继续安装。

A. 隐私政策　　　　B. 用户许可协议

C. 安全协议　　　　D. 服务条款

6. 全文搜索引擎是通过（　　）程序自动在互联网中搜集信息的。

A. 数据库　　　　B. 蜘蛛

C. 分析　　　　D. 加密

7. 网盘资源共享的主要目的是（　　）。

A. 数据加密　　　　B. 增加存储空间

C. 促进信息传递和团队合作　　　　D. 提高数据处理速度

8. 迅雷远程下载允许用户通过（　　）添加下载任务。

A. 邮件　　B. 网页或手机 App

C. 直接输入网址　　D. 文本消息

9. 在进行网盘资源共享时，用户需要注意（　　）所带来的安全问题。

A. 数据过载　　B. 账号密码泄露

C. 网络速度　　D. 设备兼容性

10. 要在百度搜索引擎中搜索特定网站中的内容，需要使用（　　）搜索技巧。

A. 完整　　B. 并行

C. URL　　D. 排除

三、判断题

1. 在百度搜索引擎中，图片搜索功能可以帮助用户查找某张图片的来源和相关信息，或查找与之相似的图片。（　　）

2. 在百度搜索引擎中，使用双引号“”可以将查询词作为不可分割的整体进行搜索。（　　）

3. 使用百度搜索引擎进行不包含某个词的搜索时，需要在不想搜到的词前加上减号“-”，减号前需要加空格，减号后不加空格。（　　）

4. 使用迅雷下载工具可以自定义文件下载后的存储目录。（　　）

5. 并行搜索是在百度搜索引擎搜索框中输入多个查询词，并在查询词之间加入“空格”符号隔开。（　　）

6. 全文搜索引擎的优点是信息量大、更新及时、无须人工干预。（　　）

7. 目录搜索引擎的优势在于其信息准确率较低。（　　）

8. 网盘资源共享的缺点之一是数据容量无限制。（　　）

9. 迅雷远程下载是一种本地下载方式。（　　）

四、简答题

1. 简述在百度搜索引擎中进行并行搜索以提高搜索效率的方法。

2. 在搜索引擎中如何使用不包含某个词的搜索功能？可举例说明。

3. 什么是完整搜索？为什么在某些情况下需要使用完整搜索？

4. 网盘资源共享的意义是什么？请列举至少两种常见的网盘平台，并简要说明它们的功能。

任务 3　电子邮件的使用

一、填空题

1. 每个电子邮箱在__________上都是唯一的，这样可以保障信件准确无误地投递。

2. 注册网易免费邮箱的第一步是启动浏览器，在地址栏中输入“________________”，然后按“回车”键。

3. 在发送电子邮件时，邮件的标题应该填写在“__________”文本框中。

4. 在发送电子邮件时，如果邮件正常发送，网易免费邮箱系统会自动弹出“__________________”反馈页面。

5. 在查看电子邮件时，可以在邮件正文页面中查看该邮件的发送日期、________、主题以及邮件内容等信息。

6. 在删除电子邮件时，需要先勾选要删除电子邮件标题前面的________，然后单击“删除”按钮。

7. 在设置个性化签名的操作步骤中，首先需要在“签名”对话框中单击“________________”按钮。

8. ________协议是把邮件从电子邮箱中传输到本地计算机的协议。

9. 一封邮件可以同时发送给多个邮箱，只要在填写邮箱地址时，将各邮箱地址以英文标点符号“________”分隔开即可。

10. 邮箱网盘是邮箱为用户提供的____________服务，用户可以随时随地上传和下载文档、照片、音乐、软件等。

二、单选题

1. 设置电子邮箱自动回复功能时，用户需要先单击（　　）选项。

A. “写信”　　B. “设置”

C. “收件箱”　　D. “删除”

2. 在发送电子邮件时，需要在邮件编辑页面的（　　）文本框中输入收件人的电子邮箱地址。

A. 主题　　B. 收件人

C. 发件人　　D. 正文

3.（　　）协议主要负责将邮件从一台机器传送至另一台机器。

A. HTTP　　B. FTP

C. SMTP　　D. IMAP4

4. 要查看邮件的发送日期、发件人、主题以及邮件内容等信息，用户需使用鼠标左键单击（　　）的超链接。

A. 发件人　　B. 邮件正文

C. 邮件附件　　D. 收件箱

5. 在电子邮箱的地址格式中，“@”符号前的部分指的是（　　）。

A. 邮箱服务器的名称　　B. 收件人自己所注册的邮箱的名字

C. 发件人的姓名　　D. 邮箱服务的国家代码

6. 彻底从电子邮箱中删除一封邮件，需要先将邮件移动到（　　）文件夹中。

A. 发件箱　　B. 收件箱

C. 已发送　　D. 已删除

7. 电子邮件可以实现的是（　　）。

A. 即时通信　　B. 实时视频会议

C. 快速、可靠的信息传递　　D. 实体邮件投递

8. 在撰写电子邮件时，可以直接从通讯录中导入联系人的邮件地址，这主要解决了（　　）的问题。

A. 邮件加密　　B. 重复输入邮箱地址

C. 邮件群发　　D. 邮件存储空间不足

9.（　　）功能是IMAP4协议相较于POP3协议提供的新功能。

A. 邮件加密　　B. 邮件群发

C. 邮件检索和邮件处理　　D. 邮件归档

10. 如果用户需要下载邮件中的附件，应该单击（　　）链接。

A. 邮件主题　　B. 发件人名称

C. 附件后的下载　　D. 收件箱

三、判断题

1. 在注册网易免费邮箱时，需要阅读的信息包括服务条款、隐私政策和儿童隐私政策。（　　）

2. 在网易免费邮箱中，发送邮件时可以添加附件。（　　）

3. 接收到的邮件可以直接在收件箱列表中阅读。（　　）

4. 在删除电子邮件时，需要勾选要删除的邮件标题前面的复选框。（　　）

5. 设置自动回复功能时，可编辑要回复的话语并选择是否启用。（　　）

6. 在邮件群发时，需要使用英文标点符号“;”来分隔各个邮箱地址。（　　）
7. 邮箱网盘是邮箱为用户提供的文件传输服务。（　　）
8. 在设置邮箱自动转发功能时，可以将邮件自动转发到多个邮箱地址。（　　）

四、简答题

1. 简述注册网易免费邮箱的操作步骤。

2. 发送电子邮件的操作步骤包括哪些内容？

3. 如何查看收件箱中的邮件？

4. 简述设置邮件自动回复的操作步骤。

任务 4 即时通信工具 QQ 的使用

一、填空题

1. QQ 软件的下载网址是____________________。

2. 安装 QQ 软件后，需要________________才可以使用 QQ 软件进行聊天。

3. 在使用 QQ 软件添加好友时，可以通过输入对方的__________、昵称、手机号码、电子邮箱等任何一项信息进行查找。

4. 在 QQ 软件中，发起视频通话的操作是单击_____________按钮。

5. 即时通信的最基本特征是信息的__________和用户的交互性。

6. 即时通信技术原理中，当登录进行身份认证时，此阶段是工作在____________方式。

7. 即时通信的一个重要协议是________________，它是一种开放的、基于 XML 的协议。

8. 微信支持跨通信运营商、跨操作系统平台通过网络快速发送_______________、__________、__________和__________。

9. 使用手机登录 QQ 软件，进入文字聊天窗口后，可以选择____________、发红包、转账等实用功能与好友进行沟通。

10. 在 QQ 软件中，进行远程操作或邀请对方远程协助的功能选项是_________________或__________________。

二、单选题

1. 即时通信通用结构协议（CPIM）的作用是（　　）。

A. 定义视频通话功能　　B. 提供一致的消息交换规范

C. 支持无缝切换设备　　D. 加强安全和隐私保护

2. 在 QQ 软件中，用户可以通过（　　）方式安全登录。

A. 输入账号密码　　B. 邮箱验证

C. 手机扫描二维码　　D. 回答安全问题

3. 安装 QQ 软件后，用户首先需要进行（　　）操作。

A. 添加好友　　B. 注册账号

C. 修改密码　　D. 购买会员

4. QQ 账号注册需要使用（　　）。

A. 昵称　　B. 密码
C. 手机号码　　D. 出生日期

5. 在添加 QQ 好友时，用户需要输入（　　）进行验证。
A. 身份证号　　B. 验证信息
C. 真实姓名　　D. 学校名称

6. QQ 软件允许用户发送的信息类型不包括（　　）。
A. 文字　　B. 表情
C. 音乐　　D. 实物礼物

7. 在使用 QQ 软件进行视频通话时，需要单击（　　）按钮。
A.“发起语音通话”　　B.“发起视频通话”
C.“发起群聊”　　D.“分享屏幕”

8. 使用 QQ 软件进行群聊的方法是（　　）。
A. 直接输入好友名字　　B. 选择“发消息”
C. 选择“发起群聊”　　D. 单击“加好友 / 群”按钮

9. Skype 新版主要加强了（　　）方面的保障。
A. 安全和隐私保护　　B. 环境保护
C. 电子支付　　D. 电话线路加密

三、判断题

1. 即时通信是在 Internet 中广泛应用的服务，通信双方可以实时交互信息。（　　）
2. QQ 软件是基于 Internet 的即时邮件服务软件。（　　）
3. QQ 账号可以使用昵称、密码、手机号码进行注册。（　　）
4. 登录 QQ 软件时，不能选择“自动登录”和“记住密码”这两个选项。（　　）
5. 用户可以通过单击“加好友 / 群”按钮来添加联系人。（　　）
6. QQ 软件支持向非好友发起视频通话，进行在线视频聊天。（　　）
7. QQ 软件支持通过手机扫描二维码的方式安全登录。（　　）
8. 在即时通信软件中，可以使用“请求控制对方电脑”或“邀请对方远程协助”选项，进行远程操作。（　　）
9. 使用移动设备登录 QQ 软件时，只能通过 Android 系统下载 QQ 软件客户端程序。（　　）

四、简答题

1. 简述即时通信的基本概念及其在网络中的作用。

2. 简述注册和登录 QQ 软件的操作步骤。

3. 简述使用 QQ 软件添加联系人并进行聊天的方法。

4. 比较分析 QQ 和微信两款即时通信软件的特点，并再列举一个其他常见的即时通信软件。

任务 5　体验网络购物

一、填空题

1. 在淘宝网购物时需要注册成为网站的会员，首先在浏览器地址栏中输入网址“____________________”，打开淘宝网首页。

2. 在注册淘宝网账户时，使用手机号码注册需要通过获取手机____________来完成注册。

3. 首次登录支付宝后，在弹出的账户设置页面，依次选择“______________”“________________”选项以设定账户的初始密码。

4. 修改完账户密码后，可以采用同样的方法再次选择“__________”“__________”选项，设置安全验证邮箱，增加账户安全性。

5. 打开淘宝网首页，使用用户名和密码登录，主页上显示所有商品的__________。

6. 如果想要在淘宝网仔细查看某一商品，只要单击对应商品的____________或____________链接即可进入该商品的详细介绍页面。

7. 在淘宝网使用储蓄卡付款之前，必须携带银行卡到银行柜台开通“__________”功能。

8. 用户收到商品后单击“____________”按钮，支付宝随即将账款转给商家，整个交易完成，交易详细信息处会显示“________________”提示。

9. ________模式是指消费者与消费者之间的电子商务，这种模式为买卖双方提供了一个______________。

10. 支付宝最初是为了解决淘宝网交易安全问题而开发的一个网络支付中转平台，该平台使用的是“________________”模式。

二、单选题

1. 注册淘宝网时需要使用（　　）进行账户注册。

A. 邮箱地址　　　　B. 手机号码

C. 用户名　　　　D. 实名认证

2. 在淘宝网上注册账户后，增加账号安全性的建议中不包括（　　）。

A. 使用生日作为密码

B. 定期更改密码

C. 使用大小写字母、数字和特殊符号组合的密码

D. 添加安全邮箱

3. 在淘宝网购物的过程中，（ ）步骤不是必需的。

A. 议价　　B. 浏览商品

C. 确认收货　　D. 在线支付

4.（ ）电子商务模式主要描述的是企业与消费者之间的交易。

A. B2C　　B. B2B

C. C2C　　D. O2O

5. 在淘宝网上，如果买家暂时不想购买某商品，可以选择将其添加到（ ）。

A. 我的浏览　　B. 购物车

C. 愿望单　　D. 关注列表

6. 通过淘宝网完成购物后，买家通过（ ）完成交易。

A. 发送邮件给卖家　　B. 在淘宝网上单击“确认收货”按钮

C. 通过阿里旺旺通知卖家　　D. 打电话给淘宝客服

7. 为了提高账户的安全性，淘宝网建议用户添加（ ）信息。

A. 微信账号　　B. 银行账户

C. 电子邮箱　　D. 社交媒体账号

8. 在淘宝网购物时，买家与卖家议价通常使用的是（ ）。

A. 微信　　B. 电子邮件

C. 阿里旺旺　　D. 电话

9. 支付宝是一种（ ）类型的支付方式。

A. 第三方支付平台　　B. 直接银行转账

C. 现金支付　　D. 信用卡支付

10. 在淘宝网上，采用买卖双方互评系统的根本目的是（ ）。

A. 增加交易趣味性　　B. 提高商家服务质量

C. 仅为买家提供评价渠道　　D. 促进买家之间的交流

三、判断题

1. 在淘宝网上购物需要注册成为网站的会员。（ ）

2. 使用生日作为密码可以提高账户的安全性。（ ）

3. 淘宝网的电子商务模式是 B2B。（ ）

4. 用户在淘宝网购物可以使用信用卡付款。（ ）

5. 议价并订购商品时，必须使用阿里旺旺软件与店主进行交流。（ ）

6. 第一次在淘宝网购买商品时，不需要填写收货地址和收货方式。（　　）

7. 在淘宝网上，买家收到商品后单击“确认收货”按钮，交易即刻完成。（　　）

8. 微信支付的使用初衷是作为一个手机客户端的支付工具出现的。（　　）

9. 抖音支付不支持银行卡作为支付方式。（　　）

四、简答题

1. 简述注册淘宝账号的操作步骤。在设置初始登录密码时，可以提高账户安全性的建议有哪些？

2. 在淘宝网购物的过程中，如何使用“我的购物车”功能？它的作用有哪些？

3. 阿里旺旺是淘宝网提供的哪种服务？其在淘宝网购物过程中的作用有哪些？

4. 对比分析微信支付和抖音支付，分别说明它们的特点。

项目二
Internet 的接入

任务 1 单台计算机通过光纤宽带接入 Internet

一、填空题

1. 光纤宽带接入方式有两种，一种是________________形式拓扑方式，另一种是______________形式拓扑方式。

2. 光纤到屋的宽带可以提供的服务包括电话三重播放、____________和电视等。

3. 在光纤宽带接入的配置中，如果是专线光纤宽带接入，应向网络服务提供商咨询分配的______________。

4. 通过____________接入 Internet，可以实现 10 Mb/s、100 Mb/s、1 000 Mb/s 不同速率的宽带接入。

5. ADSL 的上行速度最高可达__________，下行速度最高可达__________。

6. 使用光纤宽带上网时，一般情况下 IP 地址应该设置为________获得。

7. 在设置光纤宽带连接时，用户需要在特定对话框中输入___________和_______，然后单击“连接”按钮。

8. 在局域网中，Internet 通过光纤接入到小区节点或楼道，再由网线连接到各个__________上。

9. WLAN 接入方式允许用户通过________方式连入运营商提供的无线局域网。

10. C 类 IP 地址的范围是从____________________到___________________。

二、单选题

1. 光纤宽带上网的优点不包括（　　）。

A. 更快的上传速度　　　　B. 更快的下载速度

C. 更便宜的成本　　D. 实现高速上网体验

2.（　　）不是常见的 Internet 接入方式。

A. ADSL　　B. 光纤入户

C. 拨号接入　　D. 卫星传输

3. 在配置光纤宽带上网时，一般情况下 IP 地址应该设置为（　　）。

A. 自动获得　　B. 静态指定

C. 仅 IPv6　　D. 仅 IPv4

4. 在配置 ADSL 接入 Internet 时，其特点不包括（　　）。

A. 上行速度快于下行速度　　B. 使用频分复用技术

C. 避免了数据信号间的干扰　　D. 允许边打电话边上网

5. 通过 LAN 接入 Internet 时，通常使用（　　）方式。

A. 无线传输　　B. 光纤到户

C. FTTX+LAN　　D. 直接拨号

6.（　　）是设置光纤宽带自动连接时不需要的步骤。

A. 用户名和密码　　B. 高级加密设置

C. 宽带连接属性　　D. 自动建立拨号连接

7. C 类私有 IP 地址的范围是（　　）。

A. 192.0.0.0 ~ 223.255.255.255　　B. 192.168.0.0 ~ 192.168.255.255

C. 10.0.0.0 ~ 10.255.255.255　　D. 172.16.0.0 ~ 172.31.255.255

8. 子网掩码的主要作用不包括（　　）。

A. 屏蔽 IP 地址的一部分　　B. 判断 IP 地址的合法性

C. 区别网络标识和主机标识　　D. 将大的网络划分为小的子网络

9. WLAN 接入 Internet 的方式与（　　）类似。

A. ADSL　　B. LAN

C. 光纤入户　　D. 拨号接入

10. 设置光纤宽带连接时，一般需要在拨号设置对话框中输入（　　）。

A. 静态 IP 地址和子网掩码　　B. 用户名和密码

C. 网关和 DNS　　D. 服务商名称和联系方式

三、判断题

1. 光纤宽带拥有比 ADSL 更快的上行速度和下行速度。（　　）

2. 在配置光纤宽带接入时，通常应选择“自动获得 IP 地址”和“自动获得 DNS 服务器地址”选项。（ ）

3. 光调制解调器（光猫）不是光纤通信系统中的关键设备。（ ）

4. A 类 IP 地址的网络地址由 1 个字节组成，并且网络地址的最高位必须是“0”。（ ）

5. B 类 IP 地址范围从 192.0.0.0 到 223.255.255.255。（ ）

6. 全“0”的 IP 地址（“0.0.0.0”）是当前子网的广播地址。（ ）

7. A 类、B 类和 C 类 IP 地址的默认子网掩码分别为“255.0.0.0”“255.255.0.0”和“255.255.255.0”。（ ）

8. 通过 ADSL 接入 Internet 的方式是光纤宽带上网的一种。（ ）

9. 子网掩码用于将一个大的 IP 网络划分为若干个小的子网络。（ ）

10. IP 地址由国际组织 NIC 负责统一分配，全世界共有 5 个这样的网络信息中心。（ ）

四、简答题

1. 简述光纤宽带与 ADSL 在速度方面的主要区别，并解释光纤宽带能提供更快的上行速度和下行速度的原因。

2. 在配置光纤宽带连接时，为什么要选择“自动获得 IP 地址”和“自动获得 DNS 服务器地址”选项？在哪些情况下需要配置静态 IP 地址？

3. 什么是光调制解调器？它在光纤通信系统中扮演什么角色？它的主要类型有哪些？

4. 简述 IP 地址的分类，特别是 A 类、B 类、C 类地址的区别，并指出 C 类私有 IP 地址的范围及其用途。

任务 2　局域网接入 Internet

一、填空题

1. 如果同时有几台计算机都有上网需求，可以通过__________自行组建一个局域网，共用一个宽带账号连入 Internet。

2. 用于宽带接入的路由器有________和________两种。

3. 路由器的 WAN 接口用于与__________连接，而 4 个 LAN 接口最多可供________台计算机通过有线方式接入局域网。

4. 在无线路由器设置的过程中，首先需要在浏览器的地址栏输入路由器的__________，如 192.168.1.1。

5. 如果采用宽带拨号上网，需要输入____________和________。

6. 在进行无线设置时，需要设置无线名称和__________，完成设置后单击“确定”按钮。

7. 路由器的 DHCP 服务器默认是________的，通过单击左侧的“DHCP 服务器”选项卡可以进行设置和修改。

8. 无线网卡与普通网卡类似，是实现计算机和网络连接的接口，台式计算机使用________或 USB 接口的无线网卡。

9. 查看计算机与无线路由器是否连通的具体方法是，进入“命令提示符”窗口，输入“ping________________”。

10. 在设置无线网卡的 IP 地址时，需要找到“____________________________”选项，并单击“________”按钮，然后进行 IP 地址的设置。

二、单选题

1. 组建局域网共用一个宽带账号连入 Internet 可以节省的是（　　）费用。

A. 上网　　B. 用电
C. 购买设备　　D. 维修

2. 如果无线路由器的 IP 地址为 192.168.1.1，那么计算机的 IP 地址应设为（　　）。

A. 192.168.1.0　　B. 192.168.1.10
C. 192.168.2.1　　D. 10.0.0.1

3. 在无线路由器设置的过程中，首次使用需要（　　）。

A. 设置 WAN 口参数　　B. 创建管理员密码
C. 选择网络名称　　D. 设置无线密码

4. 在对等式无线局域网中，计算机之间是通过（　　）实现通信的。

A. 无线接入点　　B. 无线网卡
C. 路由器　　D. 光纤连接

5. 集中式无线局域网的信息传送是通过（　　）完成的。

A. 直接计算机传输　　B. 蓝牙连接
C. 无线路由器　　D. USB 连接

6. 安装无线网卡后，检查网卡是否安装好可以通过（　　）进行查看。

A. 控制面板　　B. 设备管理器
C. 网络和共享中心　　D. 任务管理器

7. 安全类型选择“无身份验证（开放式）”是在设置（　　）时。

A. 有线网络连接　　B. 无线网络连接
C. VPN 连接　　D. 直连网络连接

三、判断题

1. 通过无线路由器组建的局域网可以实现多台计算机共用一个宽带账号连入

Internet。 (　　)

2. 无线路由器具有有线路由器的所有功能，并且还能用于组建无线局域网。 (　　)

3. 使用有线方式连接路由器时，首先需要使用双绞线将计算机的网卡与无线路由器相连。 (　　)

4. 使用无线路由器组建局域网时，必须将无线网卡插入计算机的 USB 接口才能实现无线上网。 (　　)

5. 无线路由器的管理页面允许用户修改路由器的设置，如无线网络的名称和密码。 (　　)

6. 安装无线网卡时，如果计算机没有自动提示发现新硬件，那么可能需要手动安装网卡的驱动程序。 (　　)

7. 在进行无线设置时，无须设置无线名称和无线密码即可完成连接。 (　　)

8. 扩展式无线局域网可以减少计算机的数量。 (　　)

9. 在集中式无线局域网中，信息的发送是直接从一台计算机发送给另一台计算机，不经过路由器。 (　　)

10. 查看计算机与无线路由器是否连通，可以通过查看无线网络连接状态的图标来确定。 (　　)

四、简答题

1. 简述安装无线网卡的操作步骤。在安装过程中，如何确保驱动程序的正确安装?

2. 在进行无线路由器设置时，通常需要进行哪些配置以确保成功连接到 Internet?

3. 简述 DHCP 服务器在无线路由器中的作用，并说明验证 DHCP 服务器已经成功配置的方法。

4. 简述查看无线网络连接状态的方法，并说明判断无线网络已经成功连接的方法。

任务 3 通过移动通信网络接入 Internet

一、填空题

1. 常见的手机操作系统有________和________。

2. 在设置安卓手机移动数据时，用户应该单击“______________”图标后，选择“________”选项。

3. 为避免在使用手机移动网络共享时产生额外的流量费用，安卓系统手机允许用户限制接入设备的________和单次使用的________。

4. 5G 网络的传输技术不仅使得传输速度更快，它还引入了毫米波技术，使得频谱更宽、能量密度更________，这对于实现__________________和__________________有重要意义。

5. 配置 WLAN 热点的设置包括网络__________、__________和__________等项目。

6. 5G 网络的核心技术包括____________、____________和________等三个方面。

7. 5G 网络的四大核心能力是__________、__________、__________和__________。

8. 使用 iPhone 设置个人热点时，Wi-Fi 密码的长度至少应为________个字符，并使用________字符。

二、单选题

1. 打开手机设置页面的第一步是单击（　　）图标。

A. “应用列表”　　B. “设置”

C. “安全中心”　　D. “通知中心”

2. 在设置安卓系统手机移动网络共享时，用户需要进入（　　）设置页面。

A. “蓝牙”　　B. “显示”

C. “存储”　　D. “无线和网络”

3. 打开安卓系统手机的移动数据开关后，需单击页面下方的（　　）按钮退出。

A. “返回”　　B. “主页”

C. “继续”　　D. “取消”

4. 若要设置便携式 WLAN 热点，需要先在“移动网络共享”设置中选择（　　）选项。

A. “蓝牙共享”　　B. “USB 共享”

C. “便携式 WLAN 热点”　　D. “NFC 共享”

5. 在设置便携式 WLAN 热点时，除了网络 SSID 和密码外，还必须设置（　　）。

A. 用户名　　B. 加密类型

C. 设备限制　　D. 流量限制

6. 完成手机移动通信网络共享后，计算机连接到手机热点时需要输入（　　）。

A. 用户名　　B. 网络 SSID

C. 网络安全密钥　　D. 手机号码

7. 5G 网络的核心技术不包括（　　）。

A. 移动通信　　B. 无线接入

C. 光网络　　D. 卫星通信

8.（　　）是唯有 5G 网络才能稳定实现的应用之一。

A. 传真　　B. 高清视频通话

C. 电报　　D. 模拟信号传输

9. 与安卓手机不同，iPhone 手机在设置个人热点时（　　）。

A. 支持流量限制　　　　　　　　B. 支持设备数量限制
C. 不支持设备数量限制和流量限制　　D. 只支持加密类型设置

三、判断题

1. 在“移动网络共享”设置页面，可以通过单击“便携式 WLAN 热点”选项来启用热点。（　　）

2. 设置便携式 WLAN 热点时，不需要向右拖动相应的开关来启用该热点。（　　）

3. 在设置网络 SSID、加密类型、密码等项目后，必须单击“保存”按钮以完成配置。（　　）

4. 5G 网络的核心技术不包括移动通信、无线接入和光网络等方面。（　　）

5. 设置个人 WLAN 热点的密码长度至少应为 8 个字符。（　　）

6. 计算机通过手机移动通信网络上网，需要在计算机上查看可用的无线连接并选择相应的热点进行连接。（　　）

7. 设置个人热点时，安卓和 iOS 系统的操作步骤完全相同。（　　）

四、简答题

1. 在设置安卓手机移动网络共享时，需要进行哪些操作步骤？

2. 简述 iPhone 设置个人热点时的注意事项。

3. 为什么在使用手机热点时，计算机等设备可能会产生较多的流量？

项目三
Internet 的使用安全

任务 1 金山毒霸软件的使用

一、填空题

1. 计算机网络安全是指利用网络管理控制和技术措施，保证在一个网络环境里，数据的________、________及____________受到保护。

2. 物理安全是指系统设备及相关设施受到物理保护，免于________、________等。

3. 计算机网络逻辑安全包括信息的__________、__________和__________。

4. 人为因素是指一些不法之徒利用计算机网络存在的漏洞，或潜入计算机机房盗用计算机系统资源，______重要数据、______系统数据、______硬件设备、编制计算机病毒等。

5. 在"全盘查杀"模式下，金山毒霸软件会对计算机硬盘所有分区文件进行病毒扫描查杀，该模式耗时______、查杀__________。

6. 在"自定义查杀"模式下，金山毒霸软件需要用户选择一个________或________进行病毒扫描查杀，该模式查杀________精准、范围有限。

7. 通过设置监控模式，金山毒霸软件可以对计算机系统进行全程监控，随时监控磁盘上的文件，有效拦截______动作和病毒运行。

8. 金山毒霸软件的上网保护模块可以在用户使用搜索引擎时进行________，并对下载保护进行设置，包括下载文件________、扫描到病毒后________等设置。

9. 金山毒霸软件升级程序可以通过__________进行升级，也可以选择本地下载好的程序进行升级。

二、单选题

1. 计算机网络安全旨在保护网络环境中数据的（　　）性。

A. 透明　　B. 完整

C. 易用　　D. 可见

2. 物理安全主要防止网络系统设备及相关设施遭受（　　）。

A. 法律纠纷　　B. 数据泄露

C. 物理破坏　　D. 软件故障

3. 逻辑安全关注的是信息的（　　）。

A. 可访问性　　B. 美观性

C. 保密性　　D. 灵活性

4. 网络开放性意味着网络面临的攻击可能来自（　　）。

A. 物理传输线路　　B. 安全软件

C. 用户文档　　D. 硬件设备

5. 在金山毒霸软件的“全盘查杀”模式下，查杀范围涵盖（　　）。

A. 指定文件　　B. 所有分区文件

C. 指定邮箱　　D. 网络云盘

6. 金山毒霸软件“自定义查杀”模式的特点是（　　）。

A. 耗时长　　B. 查杀不彻底

C. 范围有限　　D. 无法选择分区

7. 在金山毒霸软件病毒查杀设置中，若发现病毒，可以设置为（　　）。

A. 忽略不计　　B. 手动处理

C. 自动备份　　D. 立即删除

8. 开启金山毒霸软件的上网保护功能后，可以在使用（　　）时提供实时保护。

A. 社交媒体　　B. 文本编辑器

C. 搜索引擎　　D. 图片编辑软件

9. 在金山毒霸软件中，U 盘卫士可以设置插入 U 盘发现病毒时的处理方式为（　　）。

A. 自动修复　　B. 发送警告

C. 自动处理　　D. 记录日志

10. 升级金山毒霸软件的病毒库可以通过（　　）进行。

A. 电话支持　　B. 实体店购买

C. Internet　　　　　　　　　　　　D. 邮寄 U 盘

三、判断题

1. 安装金山毒霸软件后，需要用户手动打开软件开始使用。（　　）

2. 金山毒霸软件的"自定义查杀"模式允许用户选择特定的文件夹或分区进行病毒扫描。（　　）

3. 安装金山毒霸软件时，用户无需同意安装条款即可完成安装过程。（　　）

4. 计算机网络安全的目标是保证数据的保密性、完整性和可使用性。（　　）

5. 在金山毒霸软件中，开启 U 盘卫士功能后，系统将禁用 U 盘自动播放功能。（　　）

6. 金山毒霸软件的升级仅能通过 Internet 在线进行，不支持本地升级。（　　）

7. 金山毒霸软件的网购保镖功能可以通过设置网页的颜色和提醒页面来保护用户的网银交易账号和密码不被泄露。（　　）

8. 计算机网络的安全威胁只来源于人为因素，不包括自然因素和偶发因素。（　　）

9. 计算机网络的脆弱性主要是由于其具有开放性、国际性和自由性。（　　）

10. 使用金山毒霸软件的"全盘查杀"模式时，不会对计算机硬盘的所有分区文件进行扫描。（　　）

四、简答题

1. 安装金山毒霸软件后的首个步骤是什么？为什么用户需要执行这一操作？

2. 金山毒霸软件提供了哪两种杀毒模式？简述它们之间的主要区别。

3. 简述计算机网络安全的定义，并列出至少两种潜在的网络安全威胁。

4. 有哪些措施可以提高网络反病毒技术能力？请至少列举两项。

任务 2 360 安全卫士软件的使用

一、填空题

1. 系统漏洞是指应用软件或操作系统软件在____________逻辑设计上的________或在编写时产生的________。

2. 系统漏洞可以被不法者或计算机________利用，通过植入________、________等方式来攻击或控制整个计算机。

3. 安装补丁程序是系统漏洞________的主要途径，可以在软件或系统的________上下载相应的补丁程序。

4. 恶意软件是指在未明确提示用户或未经用户________的情况下，在用户计算机或其他终端上安装运行的软件。

5. 浏览器________是指未经用户许可，修改用户浏览器或其他设置的行为。

6. 采用__________来过滤潜在的破坏性代码，是防治恶意软件的一种方法。

7. 360 安全卫士软件最全面的检测方法是对整个硬盘进行______________操作。

8. 使用 360 安全卫士软件的________功能可以进行系统漏洞的修复。

9. 为了保护计算机系统的安全，可以采用________________、________________等技术来加固网络。

二、单选题

1. 安装 360 安全卫士软件的第一步是访问其官方网站，其网址为（　　）。

A. http://www.360.com　　B. http://www.360.cn

C. http://www.360safe.com　　D. http://www.qihoo360.com

2. 360 安全卫士软件的优化加速功能可以通过单击（　　）按钮来快速进行计算

机的优化扫描。

A. “一键扫描” B. “快速扫描”

C. “一键加速” D. “立即优化”

3. 使用 360 安全卫士完成系统优化后，可以在（ ）查看优化的详情。

A. 我的电脑页面（首页） B. 功能大全页面

C. 系统设置 D. 原页面

4. 下列选项中，（ ）不是防止恶意软件传播的推荐措施。

A. 正确使用电子邮件和网络 B. 禁止所有网络协议

C. 确保安装最新的安全补丁 D. 不授权普通用户使用管理员权限

5. 防火墙的功能不包括（ ）。

A. 过滤有害服务和信息 B. 隔离网络中的某些网段

C. 防止受病毒感染的文件传输 D. 记录和统计网络使用情况

6. 防火墙存在的局限性之一是无法（ ）。

A. 防范内部网络用户的误操作 B. 过滤所有通过的数据

C. 防范不经过防火墙的攻击 D. 记录网络使用情况

7. 恶意软件的形式不包括（ ）。

A. 后门软件 B. 特洛伊木马

C. 防火墙 D. 广告软件

8. 关于 360 安全卫士软件，以下描述不正确的是（ ）。

A. 只具备查杀病毒功能 B. 提供计算机安全工具

C. 修复系统漏洞 D. 清理计算机垃圾

9. 强制安装恶意软件的行为是指（ ）。

A. 明确提示用户后安装 B. 未经用户许可安装

C. 提供通用卸载方式 D. 不收集用户信息

三、判断题

1. 安装 360 安全卫士软件后会自动进行全面的体检。（ ）

2. 360 安全卫士的优化加速功能不能通过“一键加速”按钮启动。（ ）

3. 使用 360 安全卫士清理计算机垃圾后，不能在任何地方查看优化详情。（ ）

4. 恶意软件包括特洛伊木马和后门软件，但不包括防火墙。（ ）

5. 防火墙可以完全防止所有形式的网络攻击和安全威胁。（ ）

6. 恶意软件的防治不包括使用防火墙过滤潜在的破坏性代码。　（　　）

7. 防火墙无法过滤和屏蔽一切有害的服务和信息。　（　　）

8. 360 安全卫士软件仅提供计算机体检和木马查杀功能，不包括其他安全或优化功能。　（　　）

9. 防火墙能够有效地记录和统计网络的使用情况。　（　　）

10. 360 安全卫士软件可以使用“全盘查杀”选项来进行木马查杀操作。　（　　）

四、简答题

1. 360 安全卫士软件在计算机安全方面有哪些应用？简述其中的一项功能。

2. 简述系统漏洞的概念，并说明修复系统漏洞的一种主要方法。

3. 简述恶意软件的定义，并列举两种防治恶意软件的方法。

4. 简述 360 安全卫士软件的开机加速功能，并说明其提高计算机启动速度和系统性能的原因。

项目四
Internet 的故障检查

任务 1　使用专用工具对一般网络故障进行检查

一、填空题

1. 遇到断网现象时，在联系宽带服务提供商之前，可以先使用____________对网络进行修复。

2. 下载并安装腾讯电脑管家的官网地址是____________________。

3. 在使用网络修复工具进行诊断时，将从________________、______________、______________等方面对网络进行诊断。

4. 如果网络修复工具诊断结束后，对应检测项目后出现“异常”字样，可以通过单击____________按钮进行处理。

5. 在测试网速时，可以通过打开“工具箱”页面，单击___________按钮进行。

6. 网络带宽的换算公式为 1 Mb/s=_________KB/s。

7. 网络延时的定义是一个_________从用户计算机发送到网站服务器，然后再从网站服务器返回用户计算机的_________，单位为_________。

8. 如果桌面右下角的网络图标出现红叉或感叹号，故障原因可能是_________________、________________等。

9. 检查 Modem 时，如果 DSL 指示灯常亮绿灯表示________________，红灯表示________________。

10. 在按顺序进行了所有故障排除操作的情况下，如果网络故障依旧存在，可以联系宽带服务提供商，例如如果是中国移动的用户，可以拨打_________号码。

二、单选题

1. 使用腾讯电脑管家修复网络前，首先需要（　　）。

A. 打开网络修复工具　　B. 下载并安装腾讯电脑管家

C. 单击“立即修复”按钮　　D. 联系宽带服务提供商

2. 在腾讯电脑管家中，网络修复工具的“全面检查”功能用于（　　）。

A. 测试网络带宽　　B. 诊断网络硬件配置等问题

C. 测试网络延迟　　D. 检查 Modem 工作状态

3. 如果网络修复工具显示“异常”字样，应（　　）。

A. 无需任何操作　　B. 更换网络设备

C. 单击“立即修复”按钮　　D. 直接联系宽带服务提供商

4.（　　）是指网络带宽。

A. 网络的最大连接数　　B. 单位时间内能传输的数据量

C. 网络的安全性　　D. 网络连接的稳定性

5.（　　）ms 是网络延时的理想状态。

A. 1 ~ 30　　B. 31 ~ 50

C. 51 ~ 100　　D. 大于 100

6. 当无法打开网页，但 QQ 软件能正常登录，可能的原因是（　　）。

A. 网络带宽不足　　B. 网络协议配置错误

C. DNS 服务失效　　D. 网络无延时

7. 如果遇到无线网络无法打开网页，（　　）不是可能的故障原因。

A. DNS 服务失效　　B. 路由配置错误

C. 无线网卡驱动故障　　D. 网络带宽不充足

8. 排查网络故障时，（　　）不属于检查的范围。

A. 检查系统 TCP/IP 协议　　B. 检查网线

C. 更换计算机显示器　　D. 检查 Modem

9. 若 Modem 的 DSL 指示灯时亮时灭，这可能表示（　　）。

A. Modem 与局端能够正常同步　　B. Modem 存在硬件故障

C. 正在建立 Modem 与局端的同步　　D. 受室内电话分机的影响

10. 如果网络修复工具显示“651”或“678”错误代码，这表明（　　）。

A. 网络修复工具已经成功修复了问题　　B. 是 DNS 服务失效或配置错误

C. 是宽带线路或设备出现故障　　　　　　D. 网络带宽充足，无需担心

三、判断题

1. 腾讯电脑管家的网络修复工具可以自动完成网络故障的修复。（　）

2. 网络带宽是指在单位时间内网络能处理的数据的最大数量，以 Mb/s 为单位。（　）

3. 通过浏览器进入腾讯电脑管家官网后，单击“立即下载”按钮可以下载腾讯电脑管家的安装包。（　）

4. 无线连接不上或连接上后无法访问网络的可能原因之一是手动设置了错误的 IP 地址。（　）

5. 在测试网络带宽时，可以通过腾讯电脑管家查看系统各程序访问网络和占用带宽的详细情况。（　）

6. 网络故障的排除可以按照检查系统 TCP/IP 协议、检查网卡、检查网线、检查路由器顺序进行。（　）

7. 在家庭网络的组成中，通常不包括路由器到 Modem 的连接。（　）

8. 网络带宽越大，网络数据通行能力越差。（　）

9. 如果 PWR 指示灯不亮，这表示设备的电源未接通或存在故障。（　）

四、简答题

1. 什么是网络带宽？为什么网络带宽是衡量网络特征的重要指标？

2. 网络延时是指什么？网络延时的单位是什么？简述不同网络延时范围对网络使用的影响。

3. 列举四种常见的网络故障，并对每种故障进行简要描述。

4. 简述一般网络故障的排除流程。

任务 2 使用 ping 命令检查网络故障

一、填空题

1. 启动“命令提示符”窗口的方法之一是依次单击“________”“________”“________”“________”。

2. 分析无线 Wi-Fi 无法连接或连接上了但无法打开网页的故障原因包括____________和____________。

3. ping 命令的作用是通过发送“____________________”回响请求消息来验证与另一台 TCP/IP 计算机的 IP 级连接状态。

4. 如果在运行 ping 命令结果中时间超时，且排除了设备超时、防火墙、DNS 解析等常见原因，那么可能是________的安装或运行存在某些最基本的问题。

5. 正常情况下，ping 命令执行结果应该显示________回送应答。

6. TTL（time to live）是指 ping 命令发送的数据包能在网络上存在的________。

7. 请求超时（request timed out）可能的原因之一是__________________________

______________________________。

8. 通过参数________可以连续对 IP 地址执行 ping 命令，直到用户以 Ctrl+C 组合键中断为止。

9. 如果 ping 命令执行成功而网络仍无法使用，那么问题可能出在__________________方面。

二、单选题

1. 当使用 ping 命令时，如果遇到“request timed out”的错误信息，可能的原因是（　　）。

A. 对方主机关闭　　B. 对方设置了 ICMP 数据包过滤

C. 网络配置错误　　D. 网络连接中断

2. 在“命令提示符”窗口中，使用 ping 命令检测本机的 IP 地址是为了（　　）。

A. 确认本机与远程主机的连接　　B. 验证本地配置或安装是否存在问题

C. 检查网关的运行状态　　D. 验证 DNS 解析是否正常

3. 如果 ping 命令的执行结果显示“destination host unreachable”，可能的原因是（　　）。

A. DNS 解析错误　　B. 防火墙设置问题

C. 网络适配器配置不正确　　D. 未设置默认路由

4. ping 命令发送的默认数据包大小为（　　）字节。

A. 16　　B. 32

C. 64　　D. 128

5. 使用 ping 命令检测远程 IP 或域名的目的是（　　）。

A. 确认计算机与局域网的连接　　B. 验证局域网的配置

C. 检测计算机能否访问 Internet　　D. 检查本地网卡的功能

6. 在“命令提示符”窗口中执行“ping www.yncts.com.cn”的目的是（　　）。

A. 测试 DNS 解析　　B. 检测本机网络连接状态

C. 检测指定网站的可访问性　　D. 验证局域网中的网卡运行状况

7. 当 TTL 值为 0 后，数据包会（　　）。

A. 继续传送到目的主机　　B. 在网络上传送

C. 自动增大　　D. 自动丢失

8. ping 命令的语法格式是（　　）。

A. ping [target_name]

B. ping [–t] [–a] [–n count] [–l size] target_name

C. ping [–i TTL] [–r count] [–s count] [–w timeout] target_name

D. ping [–t] [–a] [–n count] [–l size] [–f] [–i TTL] [–r count] [–s count] [–w timeout] target_name

9. 在 ping 命令中使用“–l”参数是为了（　　）。

A. 定义数据包的大小　　B. 发送不间断的数据包

C. 记录路由信息　　D. 解析计算机 NetBIOS 名

10. 使用 ping 命令检查网络故障时，如果所有 ping 命令都能正常运行，那么表示（　　）。

A. 网络配置没有问题

B. 不存在任何网络问题

C. 子网掩码设置正确

D. 计算机的本地和远程通信功能没有问题

三、判断题

1. 使用 ping 命令检查网络故障是通过发送 Internet 控制消息协议 ICMP 回响请求消息来验证与另一台 TCP/IP 计算机的 IP 级连接状态。（　　）

2. 如果所有 ping 命令运行正确，那么可以完全确信网络的配置和连通性没有任何问题。（　　）

3. 在“运行”对话框中输入命令“cmd”并确认可以打开“命令提示符”窗口。（　　）

4. ping 命令发送到本地计算机的回送地址为 127.0.0.1 时，只要操作系统正常，即使网络适配器未连接网络也会收到回应。（　　）

5. 如果 ping 本机的 IP 地址没有响应，那么可能的原因是网络电缆出现问题或另一台计算机配置了相同的 IP 地址。（　　）

6. 如果目标计算机上安装有防火墙并对 ping 命令进行了限制，那么 ping 命令将无法收到任何应答。（　　）

7. 正确执行 ping 网关 IP 的命令说明局域网中的网关路由器正在运行并能够做出应答。（　　）

8. ping 命令发送的默认数据包大小为 64 字节。（　　）

9. 使用“–t”参数的 ping 命令将连续不断地发送数据包直到用户手动停止。（　　）

四、简答题

1. 简述 ping 命令的基本工作原理及其在网络故障检查中的作用。

2. 简述 ping 命令执行时显示“request timed out”和“destination host unreachable”信息的可能原因。

3. 列举并解释至少三个 ping 命令中常用参数的作用。

4. 详细说明如何使用 ping 命令依次检查网络连接的各个环节，并解释每一个操作步骤的意义。

任务 3　使用 ipconfig 命令查看网络配置

一、填空题

1. 使用__________命令可以查看计算机当前的 IP 地址、子网掩码和默认网关等基本网络配置信息。

2. 执行命令 ipconfig/__________可以查看计算机当前的主机名、网卡信息、IP 地址等详细的网络配置信息。

3. 执行 ipconfig/__________命令可以释放动态分配的 IP 地址，使计算机的 IP 地址和子网掩码变成“0.0.0.0”。

4. 若要重新为计算机动态分配 IP 地址，可以执行 ipconfig/________命令。

5. 如果可以直接使用 IP 地址打开网站，但使用域名无法打开，那么可能需要执行 ipconfig/__________命令来清除 DNS 缓存中的信息。

6. 为了显示 DNS 缓存情况，应该使用 ipconfig/____________命令。

7. 使用 ipconfig/______________命令，DNS 客户端可以手工向服务器进行注册。

8. 通过执行____________命令，在“命令提示符”窗口中可以查询当前计算机的计算机名。

二、单选题

1. 使用 ipconfig 命令可以查看计算机当前的（　　）。

A. 用户账户信息　　B. 硬盘使用情况

C. IP 地址、子网掩码和默认网关　　D. 已安装软件列表

2. 要查看计算机的详细网络配置，应使用命令（　　）。

A. ipconfig　　B. ipconfig/all

C. ipconfig/release　　D. ipconfig/renew

3. ipconfig/release 命令的作用是（　　）。

A. 更新 IP 地址　　B. 释放动态分配的 IP 地址

C. 显示 DNS 缓存　　D. 清除 DNS 缓存

4. 若出现使用域名无法访问网站的问题，可以尝试使用命令（　　）加以解决。

A. ipconfig/release　　B. ipconfig/renew

C. ipconfig/flushdns　　D. ipconfig/registerdns

5. 使用（　　）命令可以手工向 DNS 服务器进行注册。

A. ipconfig/renew　　　　B. ipconfig/flushdns
C. ipconfig/displaydns　　　　D. ipconfig/registerdns

6. DHCP 客户端手工向服务器刷新请求使用的命令参数是（　　）。

A. /all　　　　B. /renew
C. /release　　　　D. /flushdns

7. ipconfig 命令不仅用于查看网络配置，还可以用于（　　）。

A. 安装新的网络适配器
B. 修复损坏的系统文件
C. 清除、显示 DNS 客户端缓存中的信息
D. 创建新的用户账户

8. 在“命令提示符”窗口中执行命令“ipconfig/?”的目的是（　　）。

A. 重启计算机
B. 显示 ipconfig 命令的语法格式和详细的参数说明
C. 检查网络连接状态
D. 更新计算机系统

三、判断题

1. 执行 ipconfig/release 命令后，计算机的 IP 地址和子网掩码会变成“255.255.255.255”。（　　）

2. ipconfig/flushdns 命令的作用是显示 DNS 缓存内容。（　　）

3. ipconfig 命令不仅用于查看网络配置，还可以用于清除和显示 DNS 客户端缓存中的信息。（　　）

四、简答题

1. 简述使用 ipconfig 命令查看网络基本配置的步骤和显示的信息内容。

2. 简述 ipconfig 命令与 DHCP 服务之间的关系及其作用。

3. 简述 ipconfig/flushdns 命令的用途及其对网络故障诊断的意义。

4. 如何通过命令行查看和了解计算机网络适配器的 DHCP 类别信息?

任务 4 使用 tracert 命令跟踪路由

一、填空题

1. tracert 命令是________操作系统自带的一个路由跟踪实用程序，用于确定 IP 数据包访问目标所采取的路径。

2. 在进行网络故障诊断和测试时，除了使用 tracert 命令，也可以通过 ping 命令的“________”参数来记录路由情况，但它只能跟踪________个路由信息。

3. tracert 诊断程序确定到目标所采取的路径，通过向目标发送不同 IP____________值的“Internet 控制消息协议（ICMP）”回应数据包。

4. 要求路径上的每个路由器在转发数据包之前至少将数据包上的 TTL__________1。

5. 数据包上的 TTL 减为____________时，路由器将“ICMP 已超时”的消息发回________系统。

6. tracert 先发送 TTL 为 1 的回应数据包，并在随后的每次发送过程中将 TTL ________，直到目标响应或 TTL 达到______________。

7. 通过检查中间路由器发回的“ICMP 已超时”的消息________路由。

8. tracert 的常用参数之一________用于指定不将 IP 地址解析到________名称。

9. tracert 的另一个参数 –h____________指定跃点数以跟踪主机的路由，默认为________个跃点。

10. 在执行 tracert 命令时，如果“命令提示符”窗口显示“____________________________________”，这可能是路由器配置的问题，或是找不到目标网络。

二、单选题

1. tracert 命令使用（　　）来确定数据包访问目标所采取的路径。

A. TCP 协议

B. IP 生存时间（TTL）字段和 ICMP 错误消息

C. HTTP 请求

D. DNS 查询

2. 使用 tracert 命令时，默认的最大跃点数是（　　）。

A. 20　　B. 30

C. 40　　D. 50

3. 在 tracert 命令的输出中，看到“destination net unreachable”表示（　　）。

A. 目标主机正在响应　　B. 传输成功完成

C. 未找到有效的路径到目标主机　　D. 网络流量过大

4. tracert 命令在其工作原理中，是（　　）来确定路由的。

A. 每次发送后将 TTL 值翻倍　　B. 每次发送后将 TTL 值递增 1

C. 每次发送后将 TTL 值递减 1　　D. 每次发送后将 TTL 值重置为默认值

5. tracert 命令的（　　）参数是指定不将 IP 地址解析到主机名称。

A. –d　　B. –h

C. –j　　D. –w

6. 如果需要限制路由跟踪的最大跃点数，应使用（　　）参数。

A. –a　　B. –h

C. –j　　D. –w

7. 当使用 tracert 命令跟踪指定主机的路由情况，且想要以 IP 地址形式显示时，应使用（　　）命令。

A. tracert + 主机名　　B. tracert –d + 主机名

C. tracert –h + 主机名　　D. tracert –j + 主机名

三、判断题

1. tracert 命令可以跟踪数据包到达目的主机所经过的详细路径，并显示到达时间。（　　）

2. tracert 命令只能跟踪 9 个路由信息。（　　）

3. 使用 tracert –d 命令跟踪路由时，只以 IP 地址的形式显示中间路由器，而不将其解析为主机名称。（　　）

4. 在 tracert 命令的语法格式中，–h maximum_hops 参数用于指定跃点数以跟踪到目标主机的路由。（　　）

5. tracert 命令执行结果中的每一行都代表数据包经过的一个中继节点，并显示了相应的延迟时间。（　　）

6. tracert 命令执行结果中的“trace complete.”表示路由跟踪已完成，数据包已成功到达目标主机。（　　）

四、简答题

1. 简述 hostname 命令的作用，并说明如何使用该命令查询当前计算机的计算机名。

2. tracert 命令是如何工作的？简述其工作原理。为什么有时候路由跟踪的结果中某些路由器不会显示？

3. 请列举 tracert 命令的两个常用参数，并解释它们的作用。同时，给出 tracert 命令跟踪指定主机路由情况的基本语法格式。

综合训练（一）

一、填空题（每题 1 分，共 20 分）

1. URL 地址由____________、主机名、路径及__________组成。

2. 若要通过 Edge 浏览器保存网页中的图片，用户需要在图片上单击鼠标________，然后在弹出的快捷菜单中选择“将图像另存为”选项。

3. 在使用 URL 搜索时，可在百度搜索引擎搜索框中输入查询词，并在查询词前加上“__________”。

4. 目录搜索引擎是通过__________或半自动方式搜集信息的。

5. 每个电子邮箱在__________上都是唯一的，这样可以保障信件准确无误地投递。

6. 首次登录支付宝后，在弹出的账户设置页面，依次选择“________________”“________________”选项以设定账户的初始密码。

7. ________模式是指消费者与消费者之间的电子商务，这种模式为买卖双方提供了一个________________。

8. 光纤宽带接入方式有两种，一种是________________形式拓扑方式，另一种是________________形式拓扑方式。

9. ADSL 的上行速度最高可达________，下行速度最高可达________。

10. 如果同时有几台计算机都有上网需求，可以通过________自行组建一个局域网，共用一个宽带账号连入 Internet。

11. 5G 网络的四大核心能力是_____________、_____________、_____________和_____________。

12. 计算机网络安全是指利用网络管理控制和技术措施，保证在一个网络环境里，数据的________、________及___________受到保护。

13. 在“全盘查杀”模式下，金山毒霸软件会对计算机硬盘所有分区文件进行病毒扫描查杀，该模式耗时______、查杀________。

14. 系统漏洞可以被不法者或计算机________利用，通过植入________、________等方式来攻击或控制整个计算机。

15. 使用 360 安全卫士软件的__________功能可以进行系统漏洞的修复。

16. 网络带宽的换算公式为 1 Mb/s=__________KB/s。

17. 检查 Modem 时，如果 DSL 指示灯常亮绿灯表示______________，红灯表示______________。

18. TTL 是指 ping 命令发送的数据包能在网络上存在的________。

19. 若要重新为计算机动态分配 IP 地址，可以执行 ipconfig/________命令。

20. 在进行网络故障诊断和测试时，除了使用 tracert 命令，也可以通过 ping 命令的“________”参数来记录路由情况，但它只能跟踪________个路由信息。

二、单选题（每题 1 分，共 20 分）

1. 使用 360 安全浏览器时，在（　　）下即使访问含有木马病毒的网站也不会被木马病毒的感染。

A. 恶意网址库更新　　B. 隔离模式

C. 防跟踪保护　　D. 自定义主题

2. Edge 浏览器的默认主页（　　）。

A. 只可设置为“www.baidu.com”　　B. 只可设置为空白页

C. 可设置为任何用户选择的网页　　D. 无法更改

3. 在百度搜索引擎中搜索与“技能”相关内容时，如果想要排除包含“大赛”的搜索结果，那么需要输入（　　）进行搜索。

A. 大赛 -　　B. - 大赛

C. 技能 + 大赛　　D. 技能 - 大赛

4. 网盘资源共享的主要目的是（　　）。

A. 数据加密　　B. 增加存储空间

C. 促进信息传递和团队合作　　D. 提高数据处理速度

5. 设置电子邮箱自动回复功能时，用户需要先单击（　　）选项。

A.“写信”　　B.“设置”

C.“收件箱”　　D.“删除”

6. 即时通信通用结构协议（CPIM）的作用是（　　）。

A. 定义视频通话功能　　B. 提供一致的消息交换规范

C. 支持无缝切换设备　　D. 加强安全和隐私保护

7. 在淘宝网上注册账户后，增加账号安全性的建议中不包括（　　）。

A. 使用生日作为密码

B. 定期更改密码

C. 使用大小写字母、数字和特殊符号组合的密码

D. 添加安全邮箱

8. 支付宝是一种（　　）类型的支付方式。

A. 第三方支付平台　　B. 直接银行转账

C. 现金支付　　D. 信用卡支付

9.（　　）不是常见的 Internet 接入方式。

A. ADSL　　B. 光纤入户

C. 拨号接入　　D. 卫星传输

10. C 类私有 IP 地址的范围是（　　）。

A. 192.0.0.0 ~ 223.255.255.255　　B. 192.168.0.0 ~ 192.168.255.255

C. 10.0.0.0 ~ 10.255.255.255　　D. 172.16.0.0 ~ 172.31.255.255

11. 集中式无线局域网的信息传送是通过（　　）完成的。

A. 直接计算机传输　　B. 蓝牙连接

C. 无线路由器　　D. USB 连接

12. 在设置安卓系统手机移动网络共享时，用户需要进入（　　）设置页面。

A. “蓝牙”　　B. “显示”

C. “存储”　　D. “无线和网络”

13. 完成手机移动通信网络共享后，计算机连接到手机热点时需要输入（　　）。

A. 用户名　　B. 网络 SSID

C. 网络安全密钥　　D. 手机号码

14. 计算机网络安全旨在保护网络环境中数据的（　　）性。

A. 透明　　B. 完整

C. 易用　　D. 可见

15. 360 安全卫士软件的优化加速功能可以通过单击（　　）按钮来快速进行计算机优化扫描。

A. “一键扫描”　　B. “快速扫描”

C. “一键加速”　　D. “立即优化”

16. 防火墙的功能不包括（　　）。

A. 过滤有害服务和信息　　B. 隔离网络中的某些网段

C. 防止受病毒感染的文件传输　　D. 记录和统计网络使用情况

17.（　　）是指网络带宽。

A. 网络的最大连接数　　B. 单位时间内能传输的数据量

C. 网络的安全性　　D. 网络连接的稳定性

18. ping 命令发送的默认数据包大小为（　　）字节。

A. 16　　B. 32

C. 64　　D. 128

19. 在 ping 命令中使用“–l”参数是为了（　　）。

A. 定义数据包的大小　　B. 发送不间断的数据包

C. 记录路由信息　　D. 解析计算机 NetBIOS 名

20. tracert 命令是（　　）操作系统自带的路由跟踪实用程序。

A. Linux　　B. macOS

C. Windows　　D. Android

三、判断题（每题 1 分，共 20 分）

1. IP 地址由点号分成 4 个 8 位二进制组，每组用 0 ~ 255 的十进制数来表示。（　　）

2. Edge 浏览器无法保存正在浏览的网页的整个页面。（　　）

3. 在百度搜索引擎中，图片搜索功能可以帮助用户查找某张图片的来源和相关信息，或查找与之相似的图片。（　　）

4. 接收到的邮件可以直接在收件箱列表中阅读。（　　）

5. 目录搜索引擎的优势在于其信息准确率较低。（　　）

6. QQ 软件是基于 Internet 的即时邮件服务软件。（　　）

7. QQ 软件支持向非好友发起视频通话，进行在线视频聊天。（　　）

8. 使用生日作为密码可以提高账户的安全性。（　　）

9. 邮箱网盘是邮箱为用户提供的文件传输服务。（　　）

10. 在配置光纤宽带接入时，通常应选择“自动获得 IP 地址”和“自动获得 DNS 服务器地址”选项。（　　）

11. A 类、B 类和 C 类 IP 地址的默认子网掩码分别为“255.0.0.0”“255.255.0.0”

和“255.255.255.0”。（　　）

12. 无线路由器具有有线路由器的所有功能，并且还能用于组建无线局域网。（　　）

13. 在设置网络 SSID、加密类型、密码等项目后，必须单击“保存”按钮以完成配置。（　　）

14. 5G 技术的发展对经济、社会和文化带来了巨大影响。（　　）

15. 计算机网络安全的目标是保证数据的保密性、完整性和可使用性。（　　）

16. 计算机网络的安全威胁只来源于人为因素，不包括自然因素和偶发因素。（　　）

17. 360 安全卫士软件仅提供计算机体检和木马查杀功能，不包括其他安全或优化功能。（　　）

18. 网络带宽是指在单位时间内网络能处理的数据的最大数量，以 Mb/s 为单位。（　　）

19. 如果所有 ping 命令运行正确，那么可以完全确信网络的配置和连通性没有任何问题。（　　）

20. 执行“ipconfig/?”命令可以显示出 ipconfig 命令的语法格式和详细的参数说明。（　　）

四、简答题（每题 8 分，共 40 分）

1. 简述管理 Edge 浏览器的历史记录和临时文件的方法，及其重要性。

2. 比较分析 QQ 和微信两款即时通信软件的特点，并再列举一个其他常见的即时通信软件。

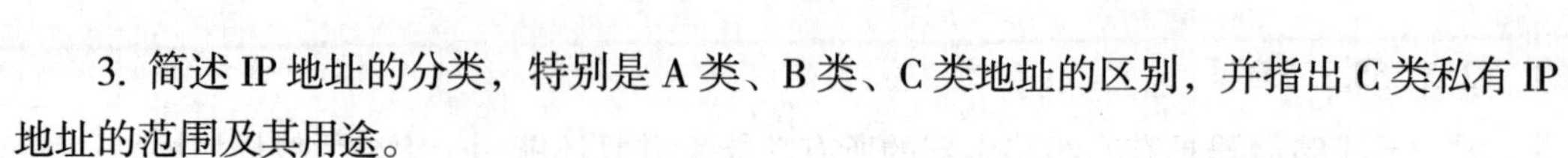

3. 简述 IP 地址的分类，特别是 A 类、B 类、C 类地址的区别，并指出 C 类私有 IP 地址的范围及其用途。

4. 网络延时是指什么？网络延时的单位是什么？简述不同延时范围对网络使用的影响。

5. 简述 ipconfig/flushdns 命令的用途及其对网络故障诊断的意义。

综合训练（二）

一、填空题（每题 1 分，共 20 分）

1. Cookie 是指某些网站为了辨别用户身份、进行________跟踪而存储在用户本地终端上的________。

2. 360 安全浏览器采用了____________技术，可以自动拦截含有木马病毒、欺诈程序、网银仿冒等内容的恶意网址。

3. 使用百度搜索引擎图片搜索功能后，搜索页面将显示出所有与这幅图片有关的信息和____________，可以通过查看搜索结果了解图片的____________。

4. 目录搜索引擎常被称为“____________”。

5. 邮箱网盘是邮箱为用户提供的________服务，用户可以随时随地上传和下载文档、照片、音乐、软件等。

6. 微信支持跨通信运营商、跨操作系统平台通过网络快速发送______________、____________、____________和____________。

7. 如果想要在淘宝网仔细查看某一商品，只要单击对应商品的____________或____________链接即可进入该商品的详细介绍页面。

8. 支付宝最初是为了解决淘宝网交易安全问题而开发的一个网络支付中转平台，该平台使用的是“__________________”模式。

9. 通过__________接入 Internet，可以实现 10 Mb/s、100 Mb/s、1 000 Mb/s 不同速率的宽带接入。

10. 路由器的 WAN 接口用于与________连接，而 4 个 LAN 接口最多可供________台计算机通过有线方式接入局域网。

11. 5G 网络的传输技术不仅使得传输速度更快，它还引入了毫米波技术，使得频谱更宽、能量密度更__________，这对于实现__________和__________有重要意义。

12. 安卓系统手机在设置热点时，可以限制接入设备的____________和单次使用的

________等。

13. 物理安全是指系统设备及相关设施受到物理保护，免于________、________等。

14. 金山毒霸软件的上网保护模块可以在用户使用搜索引擎时进行________，并对下载保护进行设置，包括下载文件________、扫描到病毒后________等设置。

15. 在使用网络修复工具进行诊断时，将从____________、____________、____________等方面对网络进行诊断。

16. 网络延时的定义是一个数据包从用户计算机发送到网站服务器，然后再从网站服务器返回用户计算机的来回时间，单位为________。

17. ping 命令的作用是通过发送“________________”回响请求消息来验证与另一台 TCP/IP 计算机的 IP 级连接状态。

18. 通过参数________ 可以连续对 IP 地址执行 ping 命令，直到用户以“Ctrl+C”组合键中断为止。

19. 当遇到需要手工释放 IP 地址的情况时，应使用 ipconfig/________参数。

20. tracert 的另一个参数 –h____________指定跃点数以跟踪主机的路由，默认为________个跃点。

二、单选题（每题 1 分，共 20 分）

1. 一个完整的 URL 地址不包括（　　）部分。

A. 协议类型　　B. 主机名

C. 路径及文件名　　D. 随机字符

2. 360 安全浏览器的主要安全特性是（　　）。

A. 沙箱技术　　B. 自动更新

C. 快速浏览模式　　D. 广告拦截

3. 全文搜索引擎是通过（　　）程序自动在互联网中搜集信息的。

A. 数据库　　B. 蜘蛛

C. 分析　　D. 加密

4. 在进行网盘资源共享时，用户需要注意（　　）带来的安全问题。

A. 数据过载　　B. 账号密码泄露

C. 网络速度　　D. 设备兼容性

5.（　　）协议主要负责将邮件从一台机器传送至另一台机器。

A. HTTP　　B. FTP

C. SMTP　　D. IMAP4

6. 如果用户需要下载邮件中的附件，应该单击（　　）链接。

A. 邮件主题　　B. 发件人名称

C. 附件后的下载　　D. 收件箱

7. Skype 新版主要加强了（　　）方面的保障。

A. 安全和隐私保护　　B. 环境保护

C. 电子支付　　D. 电话线路加密

8.（　　）电子商务模式主要描述的是企业与消费者之间的交易。

A. B2C　　B. B2B

C. C2C　　D. O2O

9. 在淘宝网上，采用买卖双方互评系统的根本目的是（　　）。

A. 增加交易趣味性　　B. 提高商家服务质量

C. 仅为买家提供评价渠道　　D. 促进买家之间的交流

10. 在配置光纤宽带上网时，一般情况下 IP 地址应该设置为（　　）。

A. 自动获得　　B. 静态指定

C. 仅 IPv6　　D. 仅 IPv4

11. 子网掩码的主要作用不包括（　　）。

A. 屏蔽 IP 地址的一部分　　B. 判断 IP 地址的合法性

C. 区别网络标识和主机标识　　D. 将大的网络划分为小的子网络

12. 若要设置便携式 WLAN 热点，需要先在“移动网络共享”设置中选择（　　）选项。

A.“蓝牙共享”　　B.“USB 共享”

C.“便携式 WLAN 热点”　　D.“NFC 共享”

13. 在安卓系统手机设置便携式 WLAN 热点时，需要配置的项目不包括（　　）。

A. 网络 SSID　　B. 密码

C. 用户名　　D. 加密类型

14. 下列选项中，（　　）不是防止恶意软件传播的推荐措施。

A. 正确使用电子邮件和网络　　B. 禁止所有网络协议

C. 确保安装最新的安全补丁　　D. 不授权普通用户使用管理员权限

15. 在腾讯电脑管家中，网络修复工具的“全面检查”功能用于（　　）。

A. 测试网络带宽　　B. 诊断网络硬件配置等问题

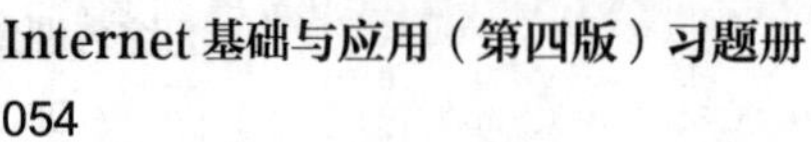

C. 测试网络延迟　　D. 检查 Modem 工作状态

16.（　　）ms 是网络延时的理想状态。

A. 1 ~ 30　　B. 31 ~ 50

C. 51 ~ 100　　D. 大于 100

17. 当使用 ping 命令时，如果遇到“request timed out”的错误信息，可能的原因是（　　）。

A. 对方主机关闭　　B. 对方设置了 ICMP 数据包过滤

C. 网络配置错误　　D. 网络连接中断

18. 当 TTL 值为 0 后，数据包会（　　）。

A. 继续传送到目的主机　　B. 在网络上传送

C. 自动增大　　D. 自动丢失

19. 要查看计算机的详细网络配置，应使用命令（　　）。

A. ipconfig　　B. ipconfig/all

C. ipconfig/release　　D. ipconfig/renew

20. 如果需要限制路由跟踪的最大跃点数，应使用（　　）参数。

A. –a　　B. –h

C. –j　　D. –w

三、判断题（每题 1 分，共 20 分）

1. 所有浏览器保存网页的方法和操作完全相同。（　　）

2. Edge 浏览器允许用户保存正在浏览的网页，以便断开网络后继续查看。（　　）

3. 使用迅雷下载工具可以自定义文件下载后的存储目录。（　　）

4. 网盘资源共享的缺点之一是数据容量无限制。（　　）

5. 在邮件群发时，需要使用英文标点符号“;”来分隔各个邮箱地址。（　　）

6. 在设置邮箱自动转发功能时，可以将邮件自动转发到多个邮箱地址。（　　）

7. QQ 账号可以使用昵称、密码、手机号码进行注册。（　　）

8. 在即时通信软件中，可以使用“请求控制对方电脑”或“邀请对方远程协助”选项，进行远程操作。（　　）

9. 光调制解调器（光猫）不是光纤通信系统中的关键设备。（　　）

10. 子网掩码用于将一个大的 IP 网络划分为若干个小的子网络。（　　）

11. 使用无线路由器组建局域网时，必须将无线网卡插入计算机的 USB 接口才能

实现无线上网。（ ）

12. 5G 网络的核心技术不包括移动通信、无线接入和光网络等方面。（ ）

13. 设置个人 WLAN 热点的密码长度至少应为 8 个字符。（ ）

14. 计算机网络的脆弱性主要是由于其具有开放性、国际性和自由性。（ ）

15. 防火墙无法过滤和屏蔽一切有害的服务和信息。（ ）

16. 360 安全卫士软件可以使用“全盘查杀”选项来进行木马查杀操作。（ ）

17. 在测试网络带宽时，可以通过腾讯电脑管家查看系统各程序访问网络和占用带宽的详细情况。（ ）

18. 如果 ping 本机的 IP 地址没有响应，那么可能的原因是网络电缆出现问题或另一台计算机配置了相同的 IP 地址。（ ）

19. ipconfig/renew 命令用于重新为计算机动态分配 IP 地址。（ ）

20. 在 tracert 命令的语法格式中，–h maximum_hops 参数用于指定跃点数以跟踪到目标主机的路由。（ ）

四、简答题（每题 8 分，共 40 分）

1. 简述在百度搜索引擎中进行并行搜索以提高搜索效率的方法。

2. 对比分析微信支付和抖音支付，分别说明它们的特点。

3. 在配置光纤宽带连接时，为什么要选择“自动获得 IP 地址”和“自动获得 DNS 服务器地址”选项？在哪些情况下可能需要配置静态 IP 地址？

4. 简述系统漏洞的概念，并说明修复系统漏洞的一种主要方法。

5. 详细说明使用 ping 命令依次检查网络连接的各个环节，并解释每一个操作步骤的意义。